BEI GRIN MACHT SICH IHR WISSEN BEZAHLT

AF149923

- Wir veröffentlichen Ihre Hausarbeit,
  Bachelor- und Masterarbeit

- Ihr eigenes eBook und Buch -
  weltweit in allen wichtigen Shops

- Verdienen Sie an jedem Verkauf

Jetzt bei www.GRIN.com hochladen und kostenlos publizieren

Moritz Bannert

Tourismus als Entwicklungsimpuls. Das Beispiel Bali

GRIN Verlag

Bibliografische Information der Deutschen Nationalbibliothek:

Die Deutsche Bibliothek verzeichnet diese Publikation in der Deutschen National-
bibliografie; detaillierte bibliografische Daten sind im Internet über http://dnb.d-
nb.de/ abrufbar.

Impressum:

Copyright © 2008 GRIN Verlag GmbH
Druck und Bindung: Books on Demand GmbH, Norderstedt Germany
ISBN: 978-3-656-43971-4

Dieses Buch bei GRIN:

http://www.grin.com/de/e-book/215145/tourismus-als-entwicklungsimpuls-das-
beispiel-bali

Geographisches Institut

Ruhr-Universität Bochum

Einführung in das wissenschaftliche Arbeiten

Tourismus als Entwicklungsimpuls –

Das Beispiel Bali

Moritz Bannert

Inhaltsverzeichnis

1. Einleitung

Bali, die „Insel der Götter" oder „Insel der tausend Tempel", ein exotisches Südseeparadies in Südostasien. So, oder so ähnlich wird Bali schon seit hundert Jahren, seit der Eröffnung des ersten Tourismusbüros durch die holländischen Kolonialherren, beworben. Balis Kapital liegt dabei neben der atemberaubenden Landschaft vor allem in der einzigartigen Kultur der Insel. Die nur 5632,86 qm² große Insel wird zu 92% von Hindus bewohnt. Dies stellt eine Besonderheit in dem bevölkerungsreichsten muslimischen Land der Welt, Indonesien, dar. Hier entstand unter dem Einfluss von acht verschiedenen Königshäusern, die die Insel unter sich aufteilten eine ganz besondere religiöse Kultur, die sich durch viele bestimmte Rituale auszeichnet. Die Verehrung der Götter manifestiert sich auch in der Errichtung von 4661 Tempeln, die heute eine Attraktion darstellen. Somit ist der Slogan „Insel der tausend Tempel" noch untertrieben. (Hitchcock & Putra 2007: 13-15)

In diesen hundert Jahren hat sich die Insel stark verändert. Nach der Unabhängigkeit Indonesiens im Jahre 1958 erkannte die neue Regierung die enormen Wachstumschancen Balis als weltweites Reiseziel. Millionen von Touristen besuchen die Insel Jahr für Jahr und auch die Terroranschläge 2002 und 2005, mit weit über zweihundert Toten, brachte den Tourismus nicht zum Erliegen. (Hitchcock & Putra 2007: S.123) Im Gegenteil: die indonesische Regierung sieht weiterhin enorme Wachstumschancen für den Tourismussektor auf der Insel.

Thema dieser Arbeit ist die Insel Bali in Zeiten eines globalen Massentourismus. Das erste Kapitel befasst sich mit der Geschichte des Tourismus, einem Phänomen der Industrienationen, während das dritte die Entwicklung auf Bali aufzeigt. Dieser Massentourismus soll dabei vor allem darauf untersucht werden, ob er durch bewusste Lenkung des Tourismus eine nachhaltige Entwicklung gefördert wird oder ob die Betreiber der Hotels und die indonesische Regierung auf kurzfristigen Profit aus sind. Im Zuge dieser Untersuchung muss der Begriff der „nachhaltigen Entwicklung" definiert werden.

Nachdem diese Begrifflichkeiten geklärt wurden, kann mit einer Standortbestimmung des Tourismus auf der Insel begonnen werden, in deren Zuge zwei verschiedene Tourismusprojekte miteinander verglichen werden. Leitfrage ist dabei immer, ob die Tourismusindustrie das Leben der örtlichen Bevölkerung positiv nachhaltig verändert.

2. Geschichte des Tourismus

Die Ursprünge des Tourismus reichen über 2700 Jahre zurück, bis zu den ersten Olympischen Spielen, zu denen die Sportler aus allen Teilen der damals bekannten Welt anreisten. Schon die alten Römer zogen, so fern sie denn wohlhabend waren, ihre luxuriösen Zweitwohnsitze am Meer der stickigen Stadt im Sommer vor, der Luxus des Verreisens war jedoch ausschließlich einer privilegierten Bevölkerungsschicht vorbehalten. (Becker et al. 1996: 12)

"Tourismus als Massenbewegung stellt erst ein Produkt der Gegenwart dar." (Kreisel 2004: 75) Dieses Zitat aus dem Beitrag von Werner Kreisel macht deutlich, dass es sich bei der Entwicklung des Tourismus um eine sehr junge handelt, die jedoch sehr dynamisch ist, und in ihrer kurzen Geschichte einen großen Wandel erlebt hat. Diese Entwicklung wurde durch eine Grundvoraussetzung in Gang gebracht, die sich erst in der zweiten Hälfte des 19. Jahrhunderts herausbildete: Die Entwicklung der Freizeit für die breite Masse. In Zeiten der Industrialisierung musste ein normaler Fabrikarbeiter noch bis zu 18 Stunden täglich arbeiten und bei wenigen Feiertagen, oder gar einem freien Wochenende blieb keine Zeit ferne Länder zu bereisen, oder in den Bergen Ski zu fahren. Durch den Druck der Gewerkschaften wurden die durchschnittlichen Arbeitszeiten der Fabrikarbeiter bis 1930 auf 45 Stunden pro Woche reduziert, wobei der Samstag ebenfalls frei blieb und dem Einzelnen nun deutlich mehr Freizeit zur Verfügung stand. Hinzu kamen noch das gesetzlich eingeführte Rentenalter sowie eine stark erhöhte Anzahl bezahlter Urlaubstage, so dass es einer breiten Bevölkerungsschicht ermöglicht wurde länger zu verreisen. (Kreisel 2004: 74)

Eine weitere Grundvoraussetzung war der Anstieg der Löhne in den Industrienationen, die es einem Großteil der Bevölkerung ermöglichte, ihr Geld für Urlaub und Freizeit auszugeben, und so in ihren bezahlten Urlaub in Ländern zu

Verbringen, die von der Sonne stärker verwöhnt wurden als z.B. Deutschland oder Großbritannien. Die Erfolgsgeschichte des Automobils, der Ausbau eines umfassenden Schienennetzes und der wachsende Flugverkehr begünstigten diese Entwicklung zusätzlich. Die Reisenden waren nun flexibler und mobiler, nicht nur bei der Anreise zu dem gewünschten Ziel, sondern auch vor Ort. (Becker et al. 1996: 15; vgl. auch: Kreisel 2004: 75-77.)

Die erhöhte Nachfrage der Reisewilligen führte natürlich auch zu einem breiten Angebot von Veranstaltern und Reisegruppen, die Urlaubsziele weltweit vermarkteten und zur Herausbildung von regelrechten „Touristenghettos", wie an der Costa Blanca in Spanien führten, in denen mehr als 200000 Touristen untergebracht werden können. (Becker et al.1996: 16)

3. Das Konzept „nachhaltige Entwicklung"

Der Begriff der „nachhaltigen Entwicklung" (sustainable development) tauchte erstmals im sogenannten „Brundtland Bericht" aus dem Jahre 1987 auf, der im Jahre 1983 von der Weltkommission für Umwelt und Entwicklung begonnen wurde und vier Jahre später erschien. Das zentrale Konzept der „nachhaltigen Entwicklung" wird seitdem als Leitbild einer zukunftsorientierten Entwicklung angeführt, deren zentrales Anliegen es ist, „die Bedürfnisse einer wachsenden Zahl von Menschen heute und in Zukunft befriedigen zu können und gleichzeitig eine auf Dauer für alle unter menschenwürdigen, sicheren Verhältnissen bewohnbare Erde erhalten zu können." (Deutscher Bundestag 1998: 28)

Christoph Becker wendet das Konzept der Nachhaltigkeit in seinem Buch „Tourismus und nachhaltige Entwicklung" auf das menschliche Wirtschaftssystem an, und teilt es in drei Dimensionen auf: die ökologische, die ökonomische und die soziale Dimension, die sich wechselseitig beeinflussen und jeweils eine Reihe von Kriterien erfüllen müssen, um eine nachhaltige Entwicklung zu gewährleisten. So muss in der ökologischen Dimension unter anderem dafür gesorgt sein, dass erneuerbare Rohstoffe nicht schneller verbraucht werden als sie nachwachsen, die Ästhetik und Vielfalt der Landschaft nicht durch den

Menschen beeinträchtigt wird und das Abfallaufkommen so gering bleibt, dass sie das Aufnahmevermögen der Natur nicht übersteigt.

Der Hauptauftrag der Ökonomie hingegen ist es, die menschlichen Grundbedürfnisse zu befriedigen und einen „bestimmten" (Becker et al. 1996: 5) Lebensstandard zu gewährleisten, wobei sich hier erste Probleme des Leitbilds offenbaren, da sich schwerlich ein globaler angemessener Lebensstandard festlegen lässt. Für westliche Industrienationen könnte dies bedeuten, dass sich die Bürger in ihrem Konsum einschränken müssen, da aufstrebende Industrienationen wie China und Indien ebenfalls einen westlichen Lebensstandard anstreben. (Becker et al. 1996: 2) Die Enquete Kommission der Bundesregierung, die zuletzt 1998 einen Bericht über das Thema Nachhaltigkeit verfasst hat, nennt als mögliche Lösung unter anderem eine Regulierung des Lebensstandards über die Preisentwicklung in der Wirtschaft, d.h. „Preise müssen dauerhaft die wesentliche Lenkungsfunktion auf Märkten wahrnehmen.", und so ein Indikator für die Knappheit eines Rohstoffes sein. (Deutscher Bundestag 1998: 48)

Das zentrale Kriterium der sozialen Dimension ist die Entwicklung einer Gesellschaft, in der jeder Einzelne seinen Beitrag zur Nachhaltigkeit leistet und sich so ein Bewusstsein für den bewussten Umgang mit natürlich Ressourcen herausbildet.

Zu dieser nachhaltigen Gesellschaftsform zählt auch, dass für jedes Mitglied der Gesellschaft die gleichen Möglichkeiten zur Mitgestaltung der Gesellschaft bestehen müssen, wie z.B. gleiches Recht auf Bildung für alle Mitglieder oder auch die Möglichkeit zur Mitbestimmung durch Wahlen oder offene Diskussionen. Die Enquete Kommission spricht davon den „sozialen Frieden zu bewahren". (Deutscher Bundestag 1998: 51)

Obwohl die drei Dimensionen der Wirtschaft normalerweise getrennt voneinander dargestellt werden, ist es wichtig sie nicht getrennt voneinander zu betrachten, sondern als ein ganzes Konzept zu sehen, dessen Kriterien erfüllt werden müssen, um eine nachhaltige Entwicklung nachzuweisen. (

Ein weiterer wichtiger Punkt zur Definition der „nachhaltigen Entwicklung" ist, nicht nur den Begriff der Nachhaltigkeit selbst zu definieren, sondern ebenfalls der Begriff „Entwicklung" als solcher. „"Entwicklung" setzen wir nicht mit „Wachstum" gleich" (Albrecht et al., S.5), lautet eine Zeile aus den Greifswalder Beiträgen zur Rekreationsgeographie. Dies soll heißen, dass eine positive Entwicklung nicht zwangsläufig eine quantitative Zunahme einschließt, sondern dass qualitatives Wachstum bei rückläufiger quantitativer Entwicklung möglich ist. Auch Christoph Becker bemängelt die Wachstumsbezogene Definition des Entwicklungsbegriffes (Becker, S.1) und fordert die großen Industrienationen dazu auf, ihren nach quantitativem Wachstum strebenden Lebensstil zu überdenken (Becker et al. 1996: 4).

4.Tourismus auf Bali

4.1. Entwicklung des Tourismus auf Bali

Die Anfänge des Tourismus und die Vermarktung Balis als Reiseziel begannen schon 1908 mit der Kolonialisierung. In diesem Jahr wurde auch das erste Tourismusbüro auf der Insel eröffnet und die Holländer begannen für Bali zu werben. Die Kolonialmacht war sich der Besonderheiten Balis bewusst und legten deshalb auch keine Plantagen auf der Insel an, wie z.B. auf Java, um das kulturelle Erbe der Insel zu fördern. (Hitchcock & Putra 2007: 15)

„The key point is that the Dutch were not so much interested in preserving the culture of Bali as they found it, but in restoring it to what they thought was it's original identity."(Hitchcock & Putra 2007: 15)

Nach Hitchcock war es also nicht das Hauptanliegen der Holländer die Kultur so zu erhalten wie sie sie vorfanden, sondern den kulturellen Status herzustellen, der ihrer Meinung nach der ursprünglichen balinesischen Kultur entsprach.

Über die Meinungen der Balinesen zu dieser damals neuen Industrie, ist nur wenig bekannt, aber die öffentliche Meinung war geteilt. So gab es Balinesen, die sich über den Zustand der Straßen beklagten, die die Touristen häufig nutzten. Verschiedene Künstlergruppen dagegen traten freiwillig in Hotels auf

7

und einer der ersten Hotelinhaber der Insel wurde der König von Ubud, der Teile seines Palastes an zahlende Gäste vermietete. Die Einwohner beklagten sich darüber, dass Touristen halbnackte Balinesinnen fotografierten, boten sich aber an, den Touristen die Insel zu zeigen und verkauften Souvenirs. (Hitchcock & Putra 2007: 15-17)

Zur Beförderung der Touristen gab es ab 1924 den ersten regelmäßigen Dampfschiffverkehr zwischen Bali und Singapur oder Jakarta, das damals noch Batavia hieß. 10 Jahre später wurde der erste Flughafen in Denpasar errichtet. (Hitchcock & Putra 2007: 16)

Während des zweiten Weltkriegs und der damit verbundenen Besetzung durch die Japaner, kam der Tourismus zum Erliegen. Schon bald darauf kamen jedoch erneut Reisende auf die Insel, die sich weder durch einen drohenden kommunistischen Staatsstreich, noch durch die Unabhängigkeitsunruhen in Indonesien abschrecken ließen. (Backhaus 1996: 95) Nachdem der kommunistische Staatsstreich 1965 gescheitert war, begann der Aufschwung und damit der Anfang des Massentourismus auf Bali mit zwei wichtigen Entwicklungen. Erstens mit der Errichtung des Bali Beach Hotel, eines zehnstöckigen Hotelkomplexes im Süden der Insel nahe Denpasar, und zum Anderen dem Ausbau des Ngurah Rai Flughafens ebenfalls nahe Denpasar. (http://www.innagrandbalibeach.com/profile.asp; vgl. auch: Hitchcock & Putra 2007: 20)

Dies war ein klares Zeichen, dass der damalige Präsident Sukarno zum Ende seiner Amtszeit setze, bevor er von Suharto abgelöst wurde. Ein Zeichen für die Öffnung zur Globalisierung und für einen Ausbau des Tourismus in der Region. Gleichzeitig stellte es die Weichen für den Massentourismus, den Bali heute erlebt.

4.2. Tourismus Heute und in Zukunft

„Auf Bali kann man heutzutage fast allen Freizeitaktivitäten frönen, die in tropischen Regionen vorstellbar sind..." (Hauser-Schäublin & Rieländer 2000: 7) so leiten Brigitta Hauser-Schäublin und Klaus Rieländer in eine gemeinsame

Arbeit über Bali ein. Diese Aussage möchte nicht recht in das, von der Werbung erzeugte, Bild von Bali als exotisches Südseeparadies passen. Der Satz verdeutlicht viel mehr, dass Bali endgültig in der Zeit des Massentourismus angekommen ist, und dass seinen Besuchern ein möglichst breit gefächertes Angebot für verschiedenste Aktivitäten geboten wird. Das wiederum erklärt, wieso auf der „Insel der Götter" sogar Kriegsspiele wie Gotcha gespielt werden können. (Hauser-Schäublin & Rieländer 2000: 7)

Die Entwicklung wird vor allem von der zentralistischen Regierung in Jakarta voran getrieben, die in dem Tourismussektor eine ihrer wichtigsten Einkommensquellen sieht, und welche darüber hinaus noch Wachstumspotenzial besitzt. So glauben Tourismusplaner, dass bei einer lokalen Bevölkerung von 3 Millionen (Waldner 2000: 20) und einem Volumen von 1.260.317 Besuchern im Jahre 2006 (Hitchcock & Putra 2007: 123), in Zukunft bis zu 6 Millionen Touristen pro Jahr auf der Insel Platz finden könnten.

Die Bali-Reisenden der Zukunft sollen dabei zu einem Drittel aus Indonesien selber kommen. Dies wirft die Frage auf, warum andere Indonesier ihre eigenen Inseln verlassen sollten um in das überfüllte Bali zu reisen. Klaus Rieländer erklärt dies mit dem Begriff des „postmodernen touristischen Ethos". (Rieländer 2000: 39) Dieser besagt, dass Touristen vor allem eins von ihrem Urlaub verlangen: Unterhaltung. Diese Unterhaltung soll in Form von künstlichen Attraktionen, wie Freizeitparks, auf Bali ermöglicht werden und so die Insel noch weiter von den anderen abheben.

So entstanden, und entstehen in naher Zukunft, gebaute Welten im Süden der Insel, die eine Kopie von Bali auf Bali darstellen und mit spektakulären Attraktionen um die Aufmerksamkeit und das Geld der Touristen buhlen. (Rieländer 2000: 44-46) Seit dem Boom des Massentourismus in den 80er und 90er Jahren drängen aber auch immer mehr alternative Anbieter auf den Markt, die einen nachhaltigen „Ökotourismus" anbieten, der zumeist auch kommerziell ausgerichtet ist, aber respekt- und verantwortungsvoll mit der wichtigsten Ressource der Insel umgeht: der besonderen Landschaft. Im folgenden Abschnitt werden verschiedene Projekte aus den letzten Jahren vorgestellt- und auf ihre Nachhaltigkeit untersucht werden.

4.3. Untersuchung und Vergleich verschiedener Tourismusprojekte

Die Entwicklung des Massentourismus auf Bali hat vor allem im Süden ein enormes Wachstum an Hotels und Anlagen erzeugt, das sich vor allem auf der Halbinsel Bukit gezeigt hat. Diese Anlagen wurden größtenteils von der Regierung initiiert, die eine Tourismuszone auf Bukit errichten wollte. (Waldner 2000: 22)

Die Anbieter eines alternativen Tourismus mussten sich folglich in anderen Teilen der Insel ansiedeln, um ihrer Zielgruppe eine natürliche balinesische Landschaft präsentieren zu können, wie z.b. im Nordweste, wo sich ein Nationalpark befindet. Durch diese ausgewiesenen Tourismuszonen ist es somit zu einer Art Teilung der Insel in den südlichen massentouristisch geprägten Teil und das ruhigere Hinterland gekommen.

4.3.1. Pecatu Indah Resort

Am 18. Mai 1996 begann im Westen von Bukit der Bau eines neuen Tourismuskomplex` mit einer Größe von 710 Hektar. Das Pecatu Indah Resort (PIR) besteht neben einem künstlich erweiterten Sandstrand unter anderem aus einer Go-Kart Bahn, einer Pferderennbahn, einem Sportzentrum und verschiedenen Unterbringungsmöglichkeiten für unterschiedlich solvente Reisende. Eine besondere Einrichtung des Resorts ist das balinesische Kulturdorf, das den Anspruch hat, dem Besucher einen Einblick in die einzigartige Kultur der Insel zu geben. Das PIR kann diesem Anspruch jedoch nicht gerecht werden, denn „die Balinesische Kultur wird hier auf ihren künstlerisch kommerziellen Wert reduziert...". (Rieländer 2000: 47) Soll heißen, dass hier nur der Teil der Kultur gezeigt wird, der sich gut in Form von Souvenirs verkaufen lässt.

Das Pecatu Indah Resort soll nun anhand der drei Dimensionen Ökologie, Ökonomie und Soziales auf seine Nachhaltigkeit untersucht werden.

Ein großes Problem, das in den letzten 20 Jahren entstanden ist, ist die Wasserknappheit, vor allem im Süden der Insel. Durch die vielen Hotels mit ihren tropischen Gärten, Swimming Pools und natürlich dem hohen pro Kopf Verbrauch der Gäste, kann der Wasserbedarf durch die natürlichen Reserven nicht mehr gestillt werden. (Waldner 2000: 30) Es wurden zwar neue, tiefere Grundwasserbrunnen gebohrt, doch die verfügbare Wassermenge reicht bei weitem nicht aus, da das Tourismusangebot hier immer weiter wachsen soll. Nun wurden verschiedene Projekte ins Leben gerufen, um dieses Wasserdefizit zu beheben: So wurde eine Pipeline aus dem Hinterland nach Denpasar gebaut, die das Wasser des Flusses Ayung abführt. Dies ist jedoch problematisch, da viele Bauern in dieser Region das Wasser des Ayung nutzen um ihre Felder zu bewässern, da der Fluss aber nicht genügend Wasser für die Bauern und die Touristen führt, „...sollen gewisse Zuleitkanäle in die Reisfelder versiegelt worden sein,..."(Waldner 2000: 30-31) und so die Bauern ihrer Existenzgrundlage beraubt haben.

Dies zeigt, dass eine „Ghettoisierung" (Rieländer 2000: 40) der Touristen in bestimmten Teilen der Insel keinesfalls den Rest vor negativen Auswirkungen schont. Ein weiteres Beispiel hierfür ist die Anlegung eines 35 Hektar großen Stausees in einem Mangrovenwald in Südbali. Der Stausee dient zur Wasseraufbereitung aus zwei Flüssen der Region. Diese Flüsse sind mit Chemikalien verseucht und das Wasser ist nicht trinkbar. Durch die Verdunstung sollen die Giftstoffe aus dem Wasser gelöst werden und verdampfen. Das Problem des Projektes ist jedoch, dass durch eine Überschwemmung des Mangrovenwaldes nicht nur dieser Lebensraum von zahlreichen Tieren und Pflanzen zerstört wird: Die Mangroven bewahren außerdem, mit ihrem verzweigten Wurzelwerk, die Küste vor Erosion und das Grundwasser vor der Versalzung durch Meerwasser. Ist das Wurzelwerk einmal vernichtet kann es schlimme Folgen für die Region zur Folge haben. (Waldner 2000: 31) Zurzeit liegen jedoch noch keine Studien über den Grad der Auswirkungen vor. Ein Lichtblick in diesem Dunkel der Kurzsichtigkeit, wäre sicherlich eine Salzwasseraufbereitungsanlage, wie sie laut der offiziellen Website des PIR installiert werden soll. Doch auch eine solche Aufbereitungsanlage könnte schwerlich den Wasserbedarf der Region decken, da schon wieder neue Projekte, wie der Garuda Wisnu Kencana Freizeitpark in den Startlöchern stehen. (Rieländer 2000: 44)

Die ursprünglichen Bewohner auf dem Gelände des PIR waren hauptsächlich Bauern, die wegen des Baus des PIR umgesiedelt werden mussten. Die Bauern wurden durch Geldzahlungen für ihr Land und durch ein neues Haus mit kleinem Garten in einem Neubaugebiet auf dem Gelände entschädigt. Anfangs wussten die Bauern auf Grund der dürftigen Informationspolitik der Betreiber gar nicht, warum genau sie ihre Häuser verkaufen sollten. (Rieländer 2000: 48) Landwirtschaft kann auf dem neuen Grundstück der Bauern nicht mehr effektiv betrieben werden, da der Garten mit 50 m² dafür zu klein ist. (Rieländer 2000: 49) So sind die ehemaligen Bauern auf Jobs auf dem PIR Gelände angewiesen, die ihnen von der Betreibergesellschaft versprochen wurden. In diesen Jobs verdienen die Bewohner zwar mehr als mit der Landwirtschaft und können so mehr konsumieren, selbst versorgen können sie sich jedoch nicht mehr. (Rieländer 2000: 50)

Ob in dieser künstlichen Gesellschaftsform nun die lokale Bevölkerung an Entscheidungen beteiligt wird, ist äußerst fraglich, da keine balancierte Entwicklung stattgefunden hat, sondern viel mehr ein „Verdrängungsprozess zugunsten der Tourismuswirtschaft." (Rieländer 2000: 51) Das lokale Engagement der ursprünglichen Bewohner dürfte sich so oder so in Grenzen halten, da die Verantwortlichen des PIR die Entschädigungszahlungen, laut Rieländer, nur verzögert auszahlen und auch meist nicht in der versprochenen Höhe. Dies hatte in der Vergangenheit bereits zu wütenden Protesten der Bauern geführt. So kann abschließend bemerkt werden, dass die Betreiber dieser Anlage keine nachhaltige Entwicklung fördern, da sie die erforderlichen Kriterien für eine solche Entwicklung nicht erfüllen und stattdessen hauptsächlich auf wirtschaftliches Wachstum setzen.

4.3.2. Puri Lumbung Cottages

Diese, im Dorf Munduk im Norden der Insel gelegene, Anlage hat sich, laut offizieller Website, zum Ziel gesetzt einen nachhaltigen Tourismus in der Region zu etablieren, von dem die Bewohner aus Munduk und dem Umland profitieren können. Die Besucher werden in verschiedenen ehemaligen „Lumbungs" untergebracht, Gebäuden die früher für die Reislagerung benutzt wurden, aber heute nicht mehr genutzt werden, da sich die Reis An- und Abbaumethoden geändert haben.

Diese besondere Form der Unterbringung soll den Gästen einen besseren Einblick in die balinesische Kultur geben, da die „Lumbungs" sehr einfach und ursprünglich gehalten sind. (http://www.purilumbung.com/aboutus.htm) Es gibt nicht mal eine Klimaanlage in den Gebäuden, wie sie auf Südbali in allen Zimmern zum Standard gehört. Das wäre in einer Höhe von 500 m, auf der die Anlage liegt auch nicht nötig, da hier ein kühler Wind weht, welcher eine Klimaanlage überflüssig macht.

(http://www.purilumbung.com/press/adac/adac_1.html)

Insgesamt gibt es nur 14 kleine Bungalows für die Unterbringung der Gäste auf dem Gelände. Dies macht natürlich einen deutlichen Unterschied zu den Besucherzahlen auf der Halbinsel Bukit aus, wo allein durch die Größe der Anlagen Probleme mit der Wasserversorgung o.ä. auftreten können.

Wirtschaftlich können viele Bewohner des Dorfes Munduk von der Einrichtung der Cottages profitieren, da es dem Gründer des Hotels auch darum ging eine „solide Einkommensquelle" (Dress 2000: 163) für die Einwohner seines Heimatdorfes einzurichten. Günther Dress schreibt in seinem Artikel über kultur- und umweltverträglichen Tourismus auf Bali, dass sich der Initiator der Anlage, Nyoman Bagiarta, „von Ideen der Kulturanpassung und des Umweltschutzes" (Dress 2000: 163) inspirieren ließ. Herr Bagiarta ist gleichzeitig Dozent an der balinesischen Tourismusakademie und setzt dort diskutierte Ideen auf seinem Hotelgelände in die Tat um.

Einheimischen aus der Region können sich für die Arbeit in dem Hotel ausbilden lassen und für lokale Tanz-, Schattenspiel- und Musikgruppen gibt es Auftrittsmöglichkeiten. Darüber hinaus bieten Einheimische zahlreiche Kurse für die Touristen an, in denen die Reisenden Einblicke in Meditationstechniken, balinesische Küche, Massagetechniken, traditionelle Spiele und vieles andere erhalten können. (http://www.purilumbung.com/classes.htm) Die Menschen aus der Region können so vielfältige Beschäftigungsmöglichkeiten in den Puri Lumbung Cottages finden ohne mit ansehen zu müssen, wie ihre nähere Umgebung durch den postmodernen Tourismus (Rieländer 2000: 39) in

13

einen Freizeitpark verwandelt wird. Durch die verschiedenen Ausbildungsmöglichkeiten in der Hotelanlage können die Bewohner zusätzlich wertvolle Qualifikationen erwerben. (Dress 2000: 163)

Die Puri Lumbung Cottages stellen somit ein gutes Beispiel für umweltbewussten und auf Nachhaltigkeit ausgelegten Tourismus dar, da die von Nyoman Bagiarta geführte Anlage die Kriterien erfüllt.

5. Fazit

Der Tourismus auf Bali ist sehr wohl ein Entwicklungsimpuls und treibt das wirtschaftliche Wachstum unaufhörlich voran. Glaubt man Einschätzungen der Regierung, so ist die Wachstumsgrenze noch in weiter Ferne, wobei das volle Potential Balis nur erreicht werden kann, wenn das Unternehmungsangebot weiter aufgestockt wird, z.b. durch künstliche Attraktionen.

Durch den nun ein Jahrhundert alten Tourismus auf Bali wurde hier eine Infrastruktur aufgebaut, die den umliegenden Inseln weit überlegen ist. Vor allem auch durch den internationalen Flughafen und mehrere Häfen, die über ein gut ausgebautes Straßennetzwerk miteinander verbunden sind. Durch diese Infrastruktur ist Bali zum Umschlagsplatz allerlei Waren aus der Region geworden. (Hitchcock & Putra 2007: 24) Diese Entwicklung hat eine Vielzahl von verschiedenen Jobs geschaffen.

Seit den ersten Tagen des Tourismus auf Bali, wurde die Insel vor allem als Inbegriff der Exotik und Südseeparadieses vermarktet. Bali ist so zu einer eigenen Marke geworden, die nun sogar auf anderen Tourismusorten kopiert wird, die das Label Exotik für sich beanspruchen. So z.B. auf den Malediven, wo Unterkünfte für Reisende in einem balinesischen Stil erbaut werden, obwohl die Kultur dort eine ganz andere ist. (Hitchcock & Putra 2007: 24)

Der Indonesischen Regierung sollte viel daran gelegen sein, den Besuchern der Insel dieses Bild zu vermitteln, statt künstliche Welten und Freizeitparks zu schaffen, denn sollten die in Kapitel 4.2 erwähnten Wachstumszahlen auch nur annähernd eintreffen, kann die Marke Bali als exotische und ursprüngliche Inselwelt nicht weiter glaubhaft verkauft werden. Schon jetzt gilt Bali vielen als

„Australia's Costa del Sol" (Hitchcock & Putra 2007: 37), da in den Südbali so viele Australier Urlaub machen, wie Europäer an der gleichnamigen Küste Spaniens.

Das wichtigste Kapital der Insel ist nämlich das Markenimage als exotisches Paradies und genau dieses Image droht die indonesische Regierung nun zu zerstören, in dem sie einen elementaren Teil der balinesischen Kultur vernachlässigt: Den hindu-balinesischen Glauben. Genau dieser Glaube ist es, der es den Werbern ermöglicht die Insel als „Insel der Götter" oder „Insel der tausend Tempel" anzupreisen. Viele Tourismusplaner haben verstehen nicht, dass im komplexen Gefüge dieses Glaubens zahlreiche Landstriche der Insel als geheiligt gelten, obwohl auf ihnen kein Tempel steht. Auch das unmittelbare Umland eines Tempels gilt häufig als Eigentum der Götter und Geister, die es den Menschen untersagen dort zu leben. (Waldner 2000: 27) Durch diese nicht-Beachtung der *niskala*, der Geisterwelt können verschiedene Probleme auftreten. Regula Waldner spricht von einer sukzessiven Trivialisierung dieser Orte mit speziellen Bedeutungen. Ein Beispiel wäre ein Strandhotel in Jimbaran auf Bukit. Hier wurde ein bestimmter Strandabschnitt seit jeher von den Balinesen von jeglicher Bebauung frei gelassen, da dieser Ort, nach balinesischem Glauben nach der Dunkelheit den Geistern gehört. Die Bewohner Jimbarans konnten jedoch der Verlockung des Geldes nicht wiederstehen und verkauften den Abschnitt an ein Tourismusunternehmen, das den Abschnitt bebaute. Nun wandeln jeden Abend nach Sonnenuntergang zahlreiche Touristen über den friedlichen Strand und nie gab es auch nur einen unheimlichen Zwischenfall. Nun wagen sich sogar manche Balinesen nachts an den Strand, der eigentlich eine unheimliche Bedeutung hatte. Unter solchen Bedingungen kann ein authentischer Glaube nicht lange aufrecht erhalten werden. (Waldner 2000: 28) In letzter Konsequenz könnte so die ursprüngliche Kultur der Insel zerstört werden oder zumindest verblassen, womit die Marke Bali ihr besonderes Image einbüßen würde.

Auch die Umweltprobleme der Insel werden immer gravierender und beginnen sich von Süden nach Norden auszuweiten. Vor allem die Wasserknappheit ist mittlerweile ein großes Problem, bemerkenswert auf einer Insel, die zu einem erheblichen Teil von Regenwald bedeckt ist.

Bis zum heutigen Tag finden sich Projekte und Anlagen mit einer Ausrichtung auf nachhaltige Entwicklung nur vereinzelt auf Bali. Eine allgemein stärkere Betonung der Notwendigkeit für eine Entwicklung, die nicht mit Wachstum gleichgesetzt ist, ist somit zwingend notwendig, ansonsten könnten sich die Touristen in Zukunft eher in Richtung Lombok orientieren, der Nachbarinsel, die heute schon als das „neue" Bali vermarktet wird. (Hitchcock & Putra 2007: 24)

Literaturverzeichnis

Albrecht, Gertrud; Albrecht, Wolfgang; Benthien, Bruno; Bütow, Martin 1995: Tourismus – Nachhaltigkeit – Regionalentwicklung. In: Albrecht, Wolfgang (Hg.): Greifswälder Beiträge zur Rekreationsgeographie / Freizeit- und Tourismusforschung. Greifswald: 3-12

Backhaus, Norman 1996: Globalisierung, Entwicklung und traditionelle Gesellschaft : Chancen und Einschränkungen bei der Nutzung von Meeresressourcen auf Bali/Indonesien. Münster

Becker, Christoph; Job, Hubert; Witzel, Anke 1996: Tourismus und nachhaltige Entwicklung: Grundlagen und praktische Ansätze für den mitteleuropäischen Raum. Darmstadt

Deutscher Bundestag (Hg.) 1998: Abschlussbericht der Enquete-Kommission "Schutz des Menschen und der Umwelt – Ziele und Rahmenbedingungen einer nachhaltig zukunftsverträglichen Entwicklung" des 13. Deutschen Bundestages: Konzept Nachhaltigkeit. Vom Leitbild zur Umsetzung. Bonn

Dress, Günther 2000: Regierungs-/ Nichtregierungsorganisationen und kultur-/ umweltverträglicher Tourismus. In: Hauser-Schäublin, Brigitta; Rieländer, Klaus (Hg.): Bali: Kultur – Tourismus – Umwelt : die indonesische Ferieninsel im Schnittpunkt lokaler, nationaler und globaler Interessen. Hamburg: 160-167

Hauser-Schäublin, Brigitta; Rieländer, Klaus 2000: Vorwort. In: Hauser-Schäublin, Brigitta; Rieländer, Klaus (Hg.): Bali: Kultur – Tourismus – Umwelt : die indonesische Ferieninsel im Schnittpunkt lokaler, nationaler und globaler Interessen. Hamburg: 7-10

Hitchcock, Michael; Putra, I Nyoman Darma 2007: Tourism, development and terrorism in Bali. Bodmin

Kreisel, Werner 2004: Trends in der Entwicklung von Freizeit und Tourismus. In: Becker, Christoph; Hopfinger, Hans; Steinecke, Albrecht (Hg.): Geographie der Freizeit und des Tourismus: Bilanz und Ausblick. 2. Aufl., München: 74-85

Rieländer, Klaus 2000: Künstliche Attraktionen, postmoderner Tourismus und nachhaltige Entwicklung: Die Halbinsel Bukit als Beispiel. In: Hauser-Schäublin, Brigitta; Rieländer, Klaus (Hg.): Bali: Kultur – Tourismus – Umwelt : die indonesische Ferieninsel im Schnittpunkt lokaler, nationaler und globaler Interessen. Hamburg: 37-55

Waldner, Regula 2000: Wie der Lebensraum durch den Tourismus trivialisiert wird: Ein humangeographischer Kommentar. In: Hauser-Schäublin, Brigitta; Rieländer, Klaus (Hg.): Bali: Kultur – Tourismus – Umwelt : die indonesische Ferieninsel im Schnittpunkt lokaler, nationaler und globaler Interessen. Hamburg: 20-36

o.V.: Puri Lumbung Cottages (Hg.) 2005: Classes
http://www.purilumbung.com/classes.htm [1.9.2008]

o.V.: Puri Lumbung Cottages (Hg.) 2005: About
Ushttp://www.purilumbung.com/aboutus.htm [1.9.2008]

o.V.: Inna Grand Bali Beach Hotel, Resort und Spa (Hg.) 2007: Welcome to Inna Grand Bali Beach Hotel, Resort und Spa
http://www.innagrandbalibeach.com/profile.asp [27.8.2008]

Anlage

Karte 1: Übersichtskarte Bali: Hauser-Schäublin, Brigitta; Rieländer, Klaus (Hg.) 2000: Bali: Kultur – Tourismus – Umwelt : die indonesische Ferieninsel im Schnittpunkt lokaler, nationaler und globaler Interessen. Hamburg: 214

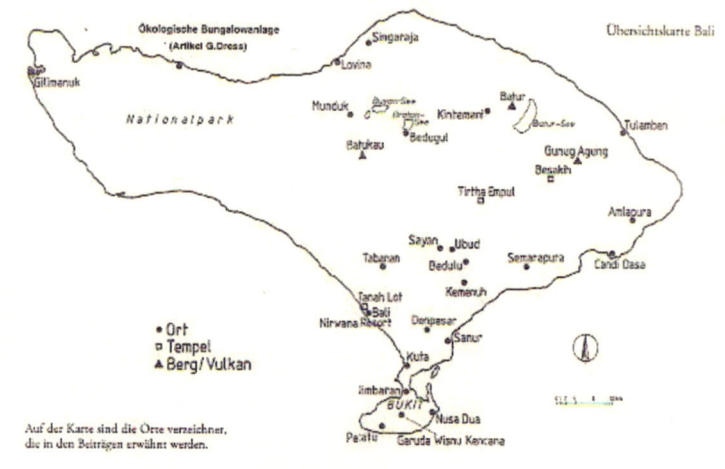

Karte 1: Übersichtskarte Bali: Hauser-Schäublin, Brigitta; Rieländer, Klaus (Hg.)
2000: Bali: Kultur – Tourismus – Umwelt : die indonesische Ferieninsel im
Schnittpunkt lokaler, nationaler und globaler Interessen. Hamburg: 214